westermann

W0370902

Geometrie

Erarbeitet von

Christopher Dohmann und Anik Köhpcke

in Zusammenarbeit mit der Westermann-Grundschulredaktion

Unter Beratung von

Susanne Jäger, Nicole Timmermann, Eva-Maria Clausen-Schaumann und Caroline Tautz

Illustriert von

Angelika Citak, Friederike Großekettler, Heike Heimrich, Gabie Hilgert und Karoline Kehr

Flex und Flo

Mathematik inklusiv

B

 Male/Zeichne mit der entsprechenden Farbe.

 Streiche durch, was nicht passt.

 Ordne zu.

 Kreise ein.

 Kreuze an.

 Benutze Material.

 Bearbeite die Aufgabe in Partnerarbeit.

Verweis auf die passende Lernstandskontrolle
in der Flex und Flo Handreichung inklusiv B mit Diagnose-Kopiervorlagen
ISBN 978-3-14-118417-4

1 **Aufgabe aus dem Anforderungsbereich I**
Reproduzieren: erfordert Grundwissen und
das Ausführen von Routinetätigkeiten

1 **Aufgabe aus dem Anforderungsbereich II**
Zusammenhänge herstellen: erfordert das Erkennen und
Nutzen von Zusammenhängen

1 **Aufgabe aus dem Anforderungsbereich III**
Verallgemeinern und Reflektieren: erfordert komplexe Tätigkeiten wie Strukturieren,
Entwickeln von Strategien, Beurteilen und Verallgemeinern

1 **Freies Feld mit unterschiedlichen Nutzungsmöglichkeiten**
z.B. Aufgabenzuweisung, Kennzeichnung bearbeiteter Aufgaben,
Selbsteinschätzung

Inhaltsverzeichnis

Wahrnehmung – Körper erkennen

1

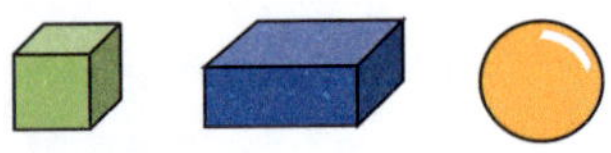

1 Würfel, Quader und Kugel finden und färben.

1

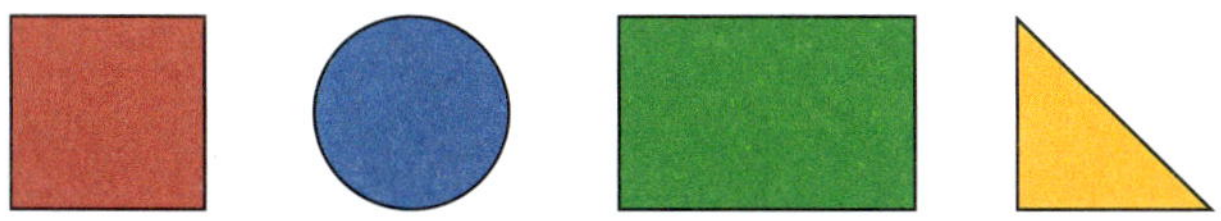

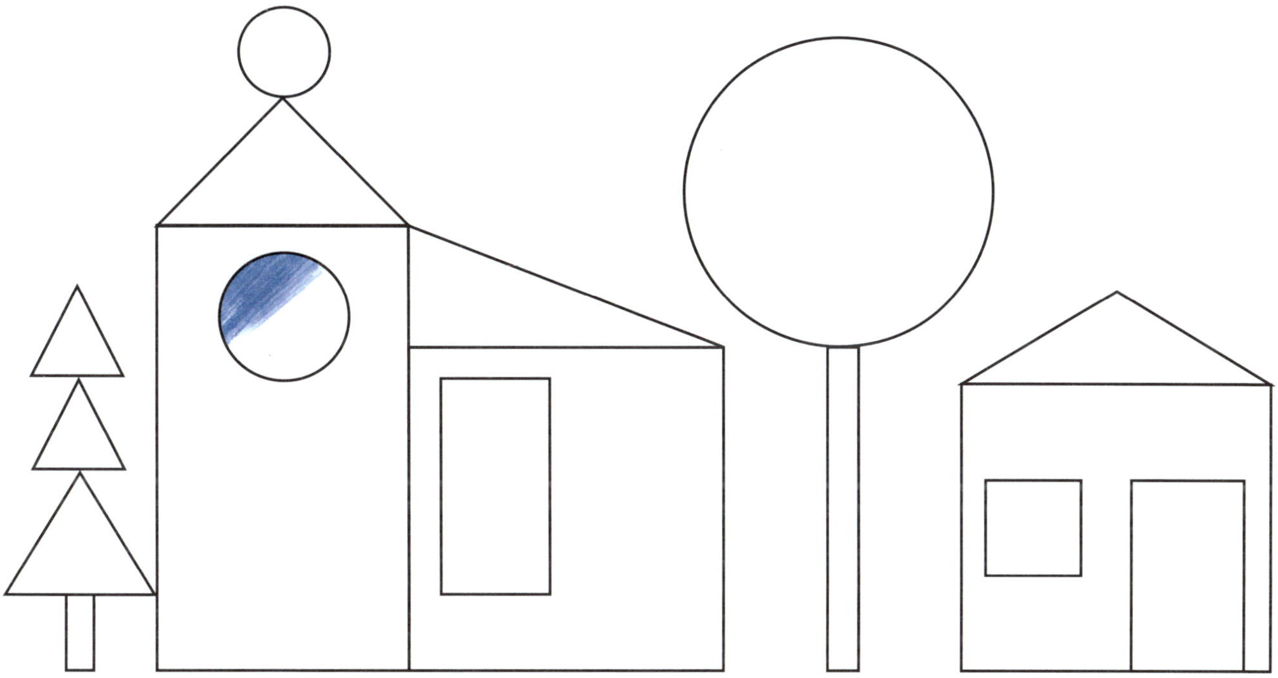

2

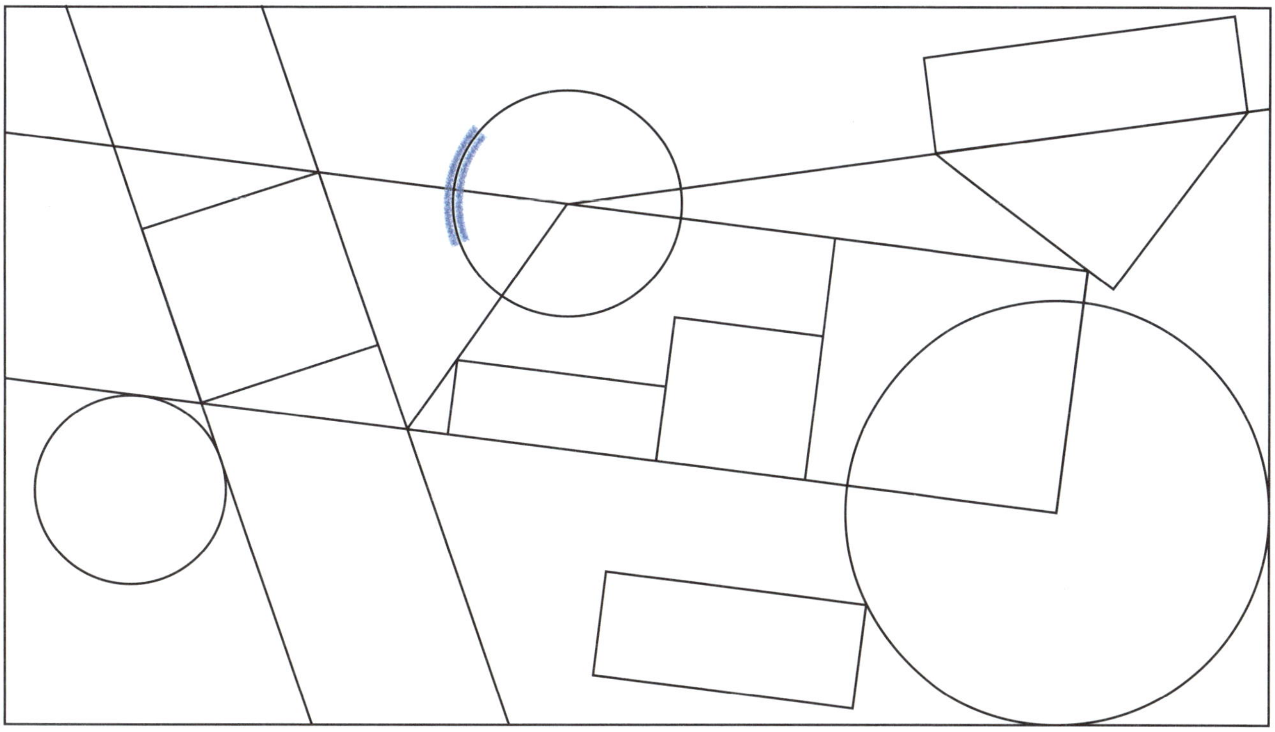

1 Quadrate, Kreise, Rechtecke, Dreiecke farbig ausmalen.
2 Quadrate, Kreise, Rechtecke, Dreiecke farbig umfahren.

Wahrnehmung – Das richtige Bild finden

1

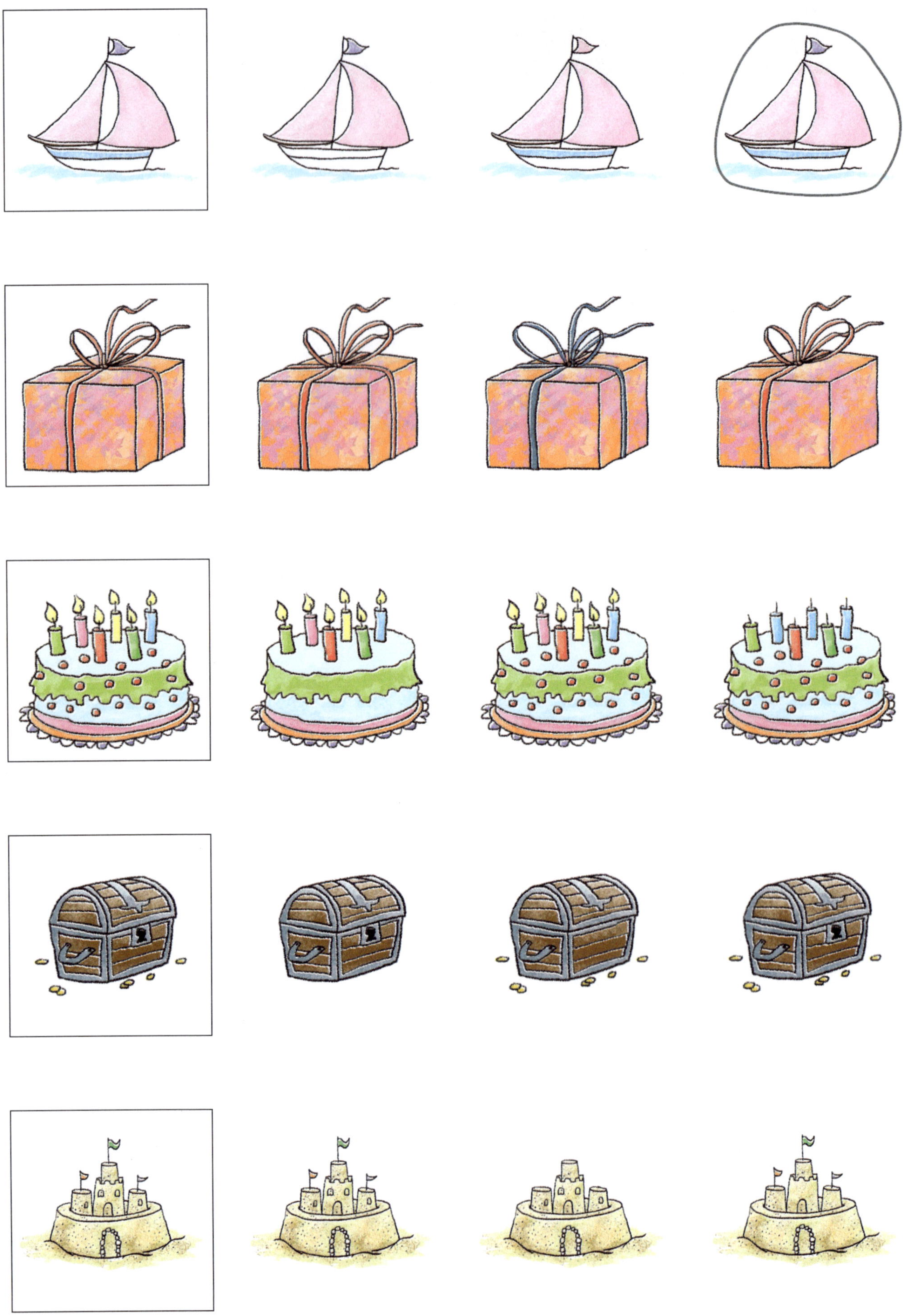

1 Gleiches Bild einkreisen.

Wahrnehmung – Das richtige Bild finden

1

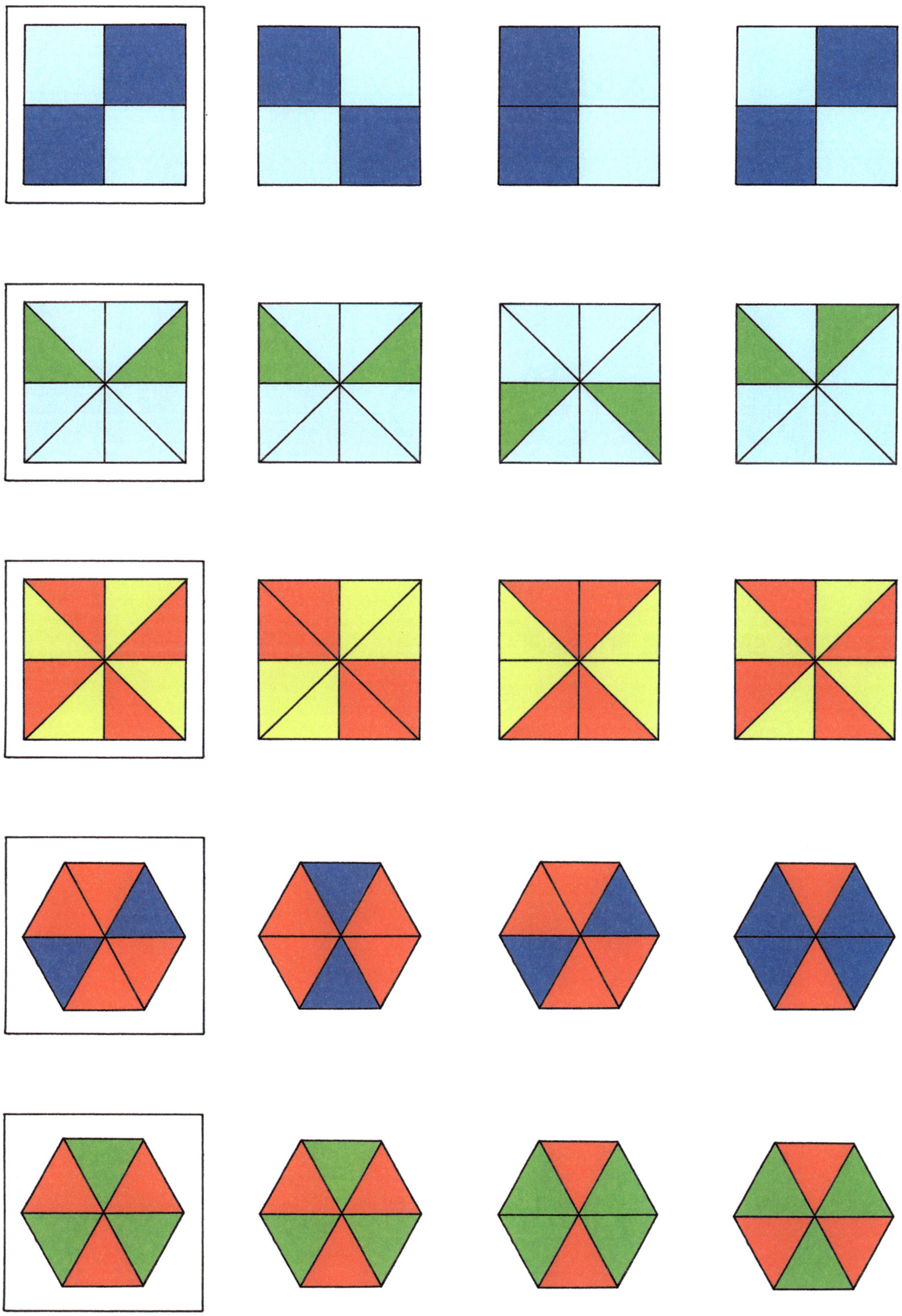

1 Gleiches Bild einkreisen.

1 Was sieht Mia links ☒, was rechts ☒?

☒

☐

☐

☐

2 Was sieht Sven links ☒, was rechts ☒?

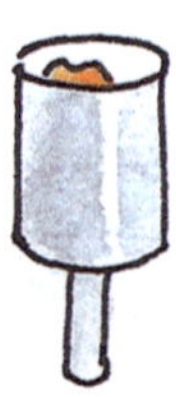
☐

☐

☐

☐

1 Was sieht Jan links ☒, was rechts ☒?

 ☒

 ☐

 ☐

 ☐

2 Was sieht Anna links ☒, was rechts ☒?

 ☐

 ☐

 ☐

 ☐

1 Oben oder unten?

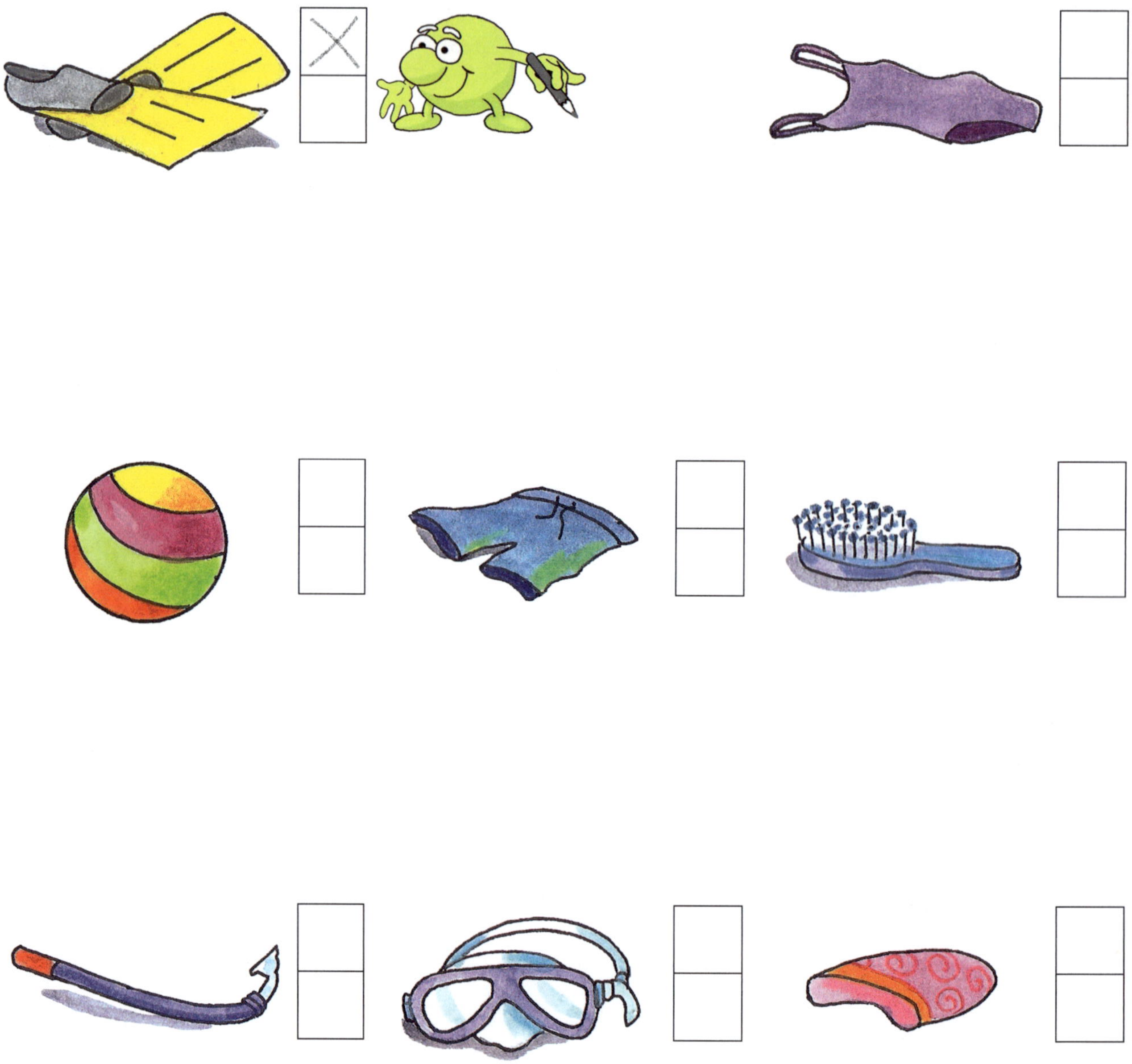

1

Kugel

Würfel

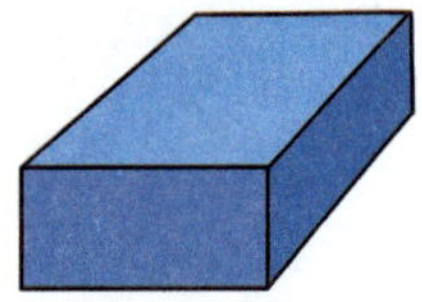
Quader

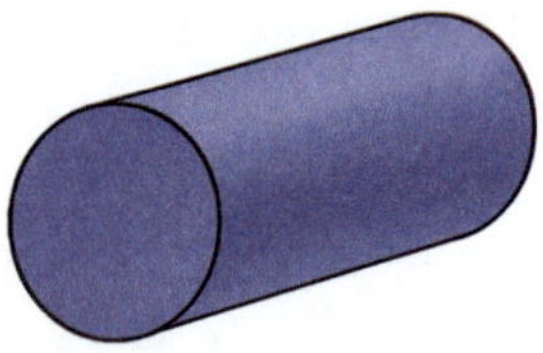
Zylinder

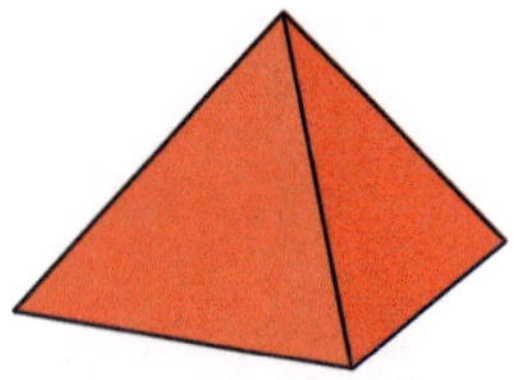
Pyramide

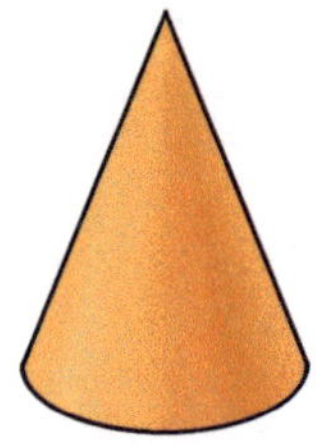
Kegel

1

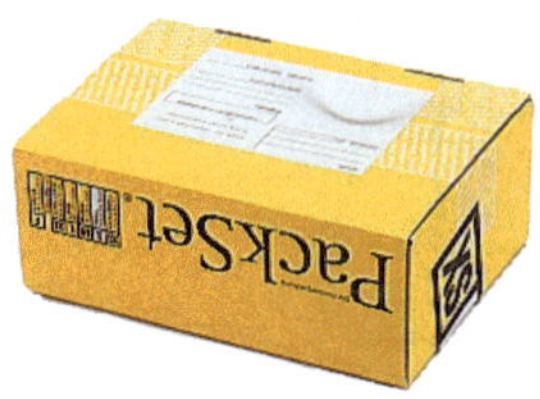

1 Feld passend färben.

1 Baue die Körper mit Knete nach.

2

1

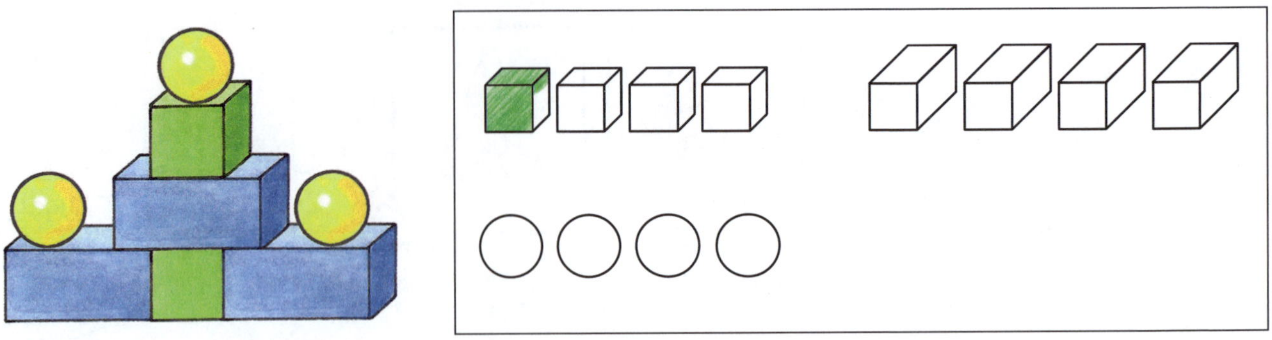

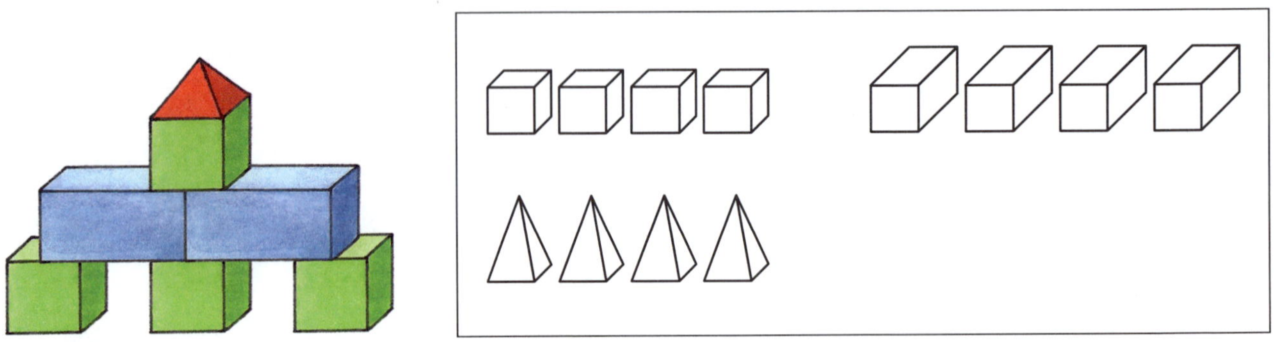

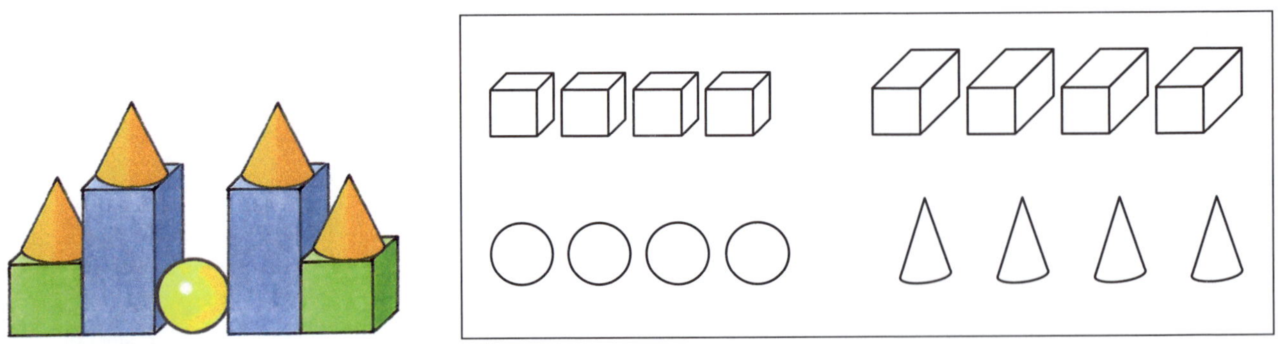

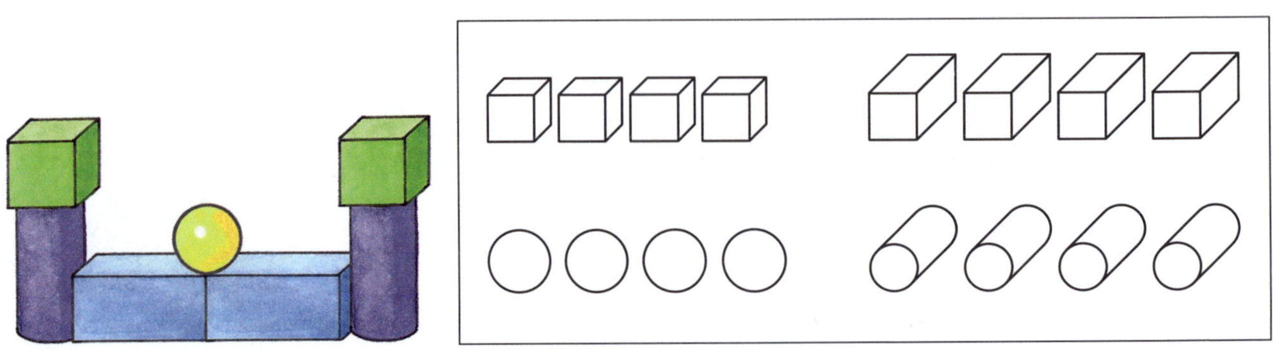

1 Körper entsprechend der Anzahl einfärben.

1

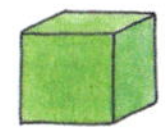			
4			

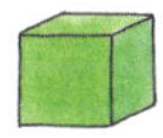	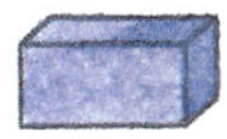		

	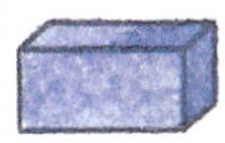	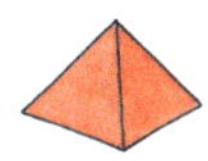	

Bauen und zählen – Würfelgebäude

1

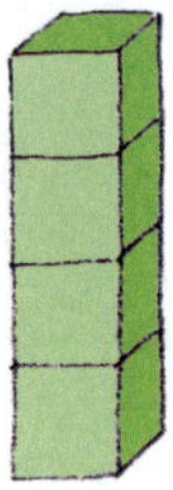

4

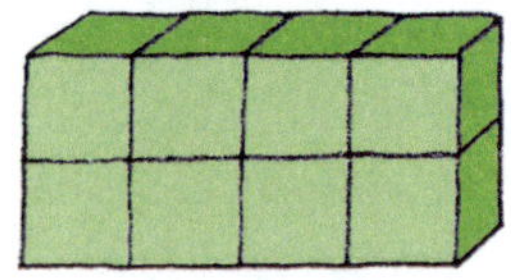

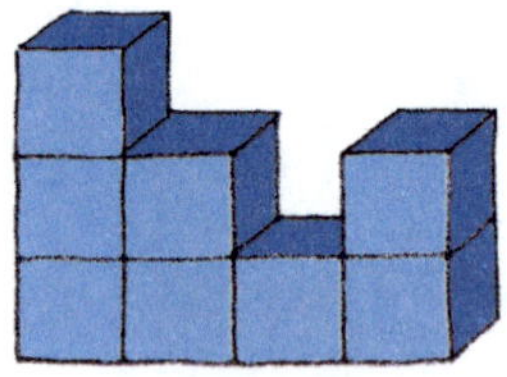

2

1 Bauen und zählen.
2 Immer 10 Würfel.

1 5 Würfel

6 Würfel

7 Würfel

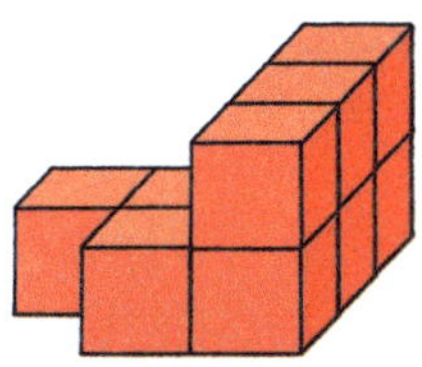
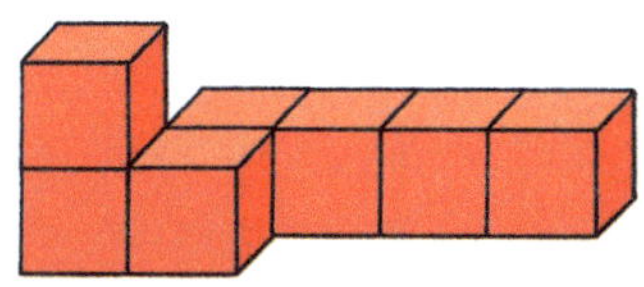

8 Würfel

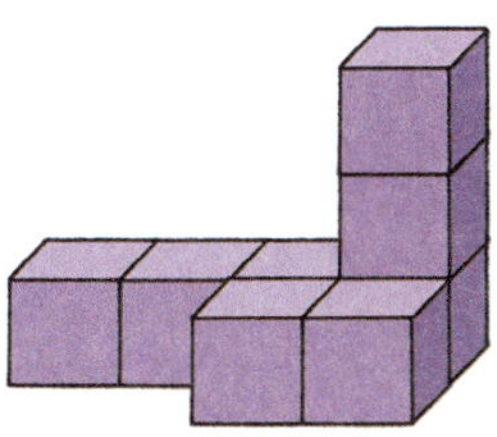

Bauen mit Winkelsteinen

1

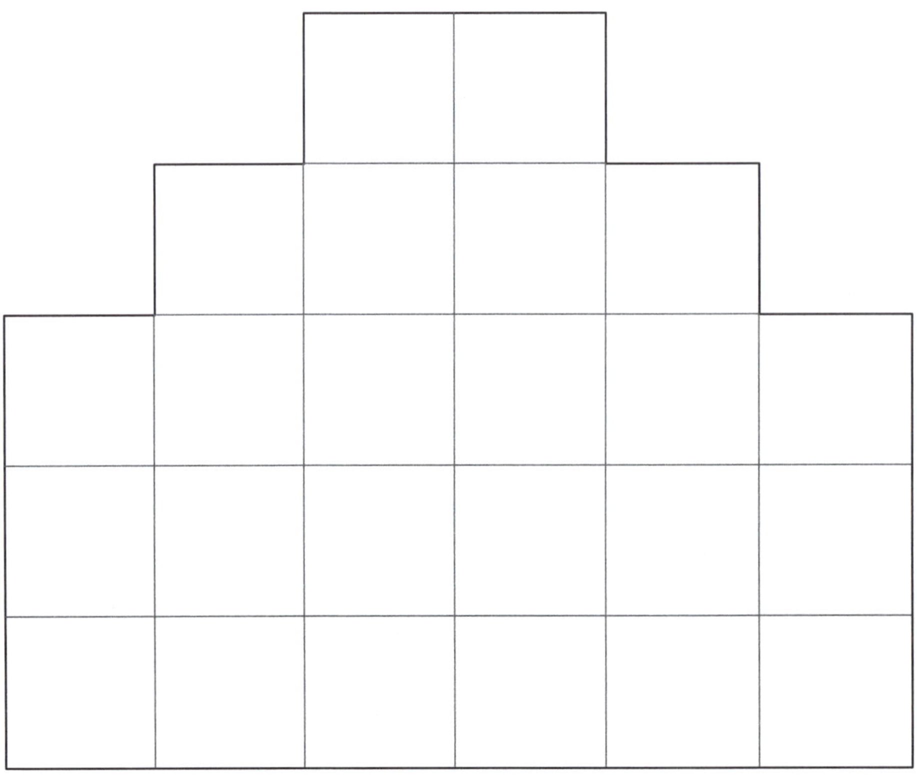

1 Fläche mit den Winkelsteinen auslegen.

Bauen mit Winkelsteinen

1

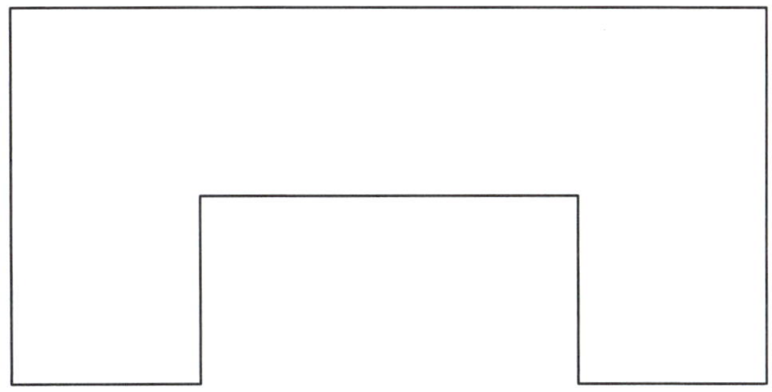

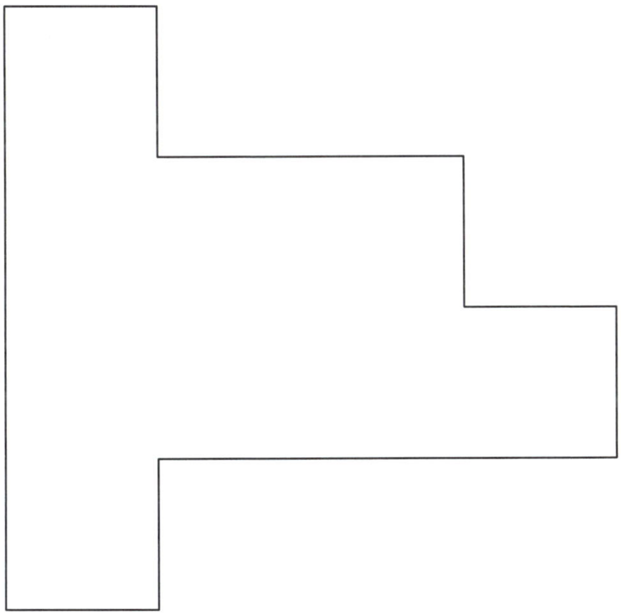

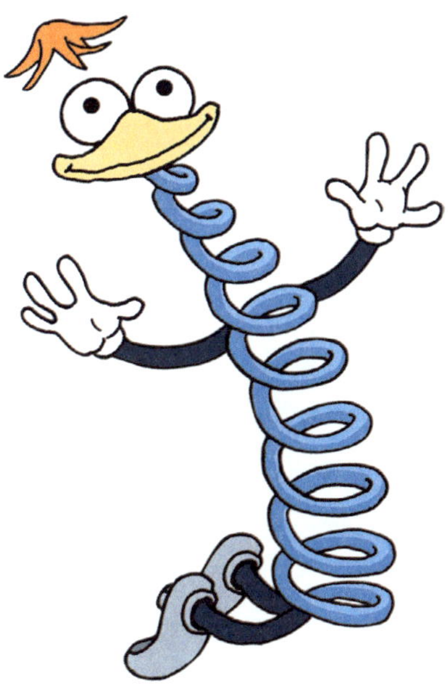

1 Flächen mit den Winkelsteinen auslegen.

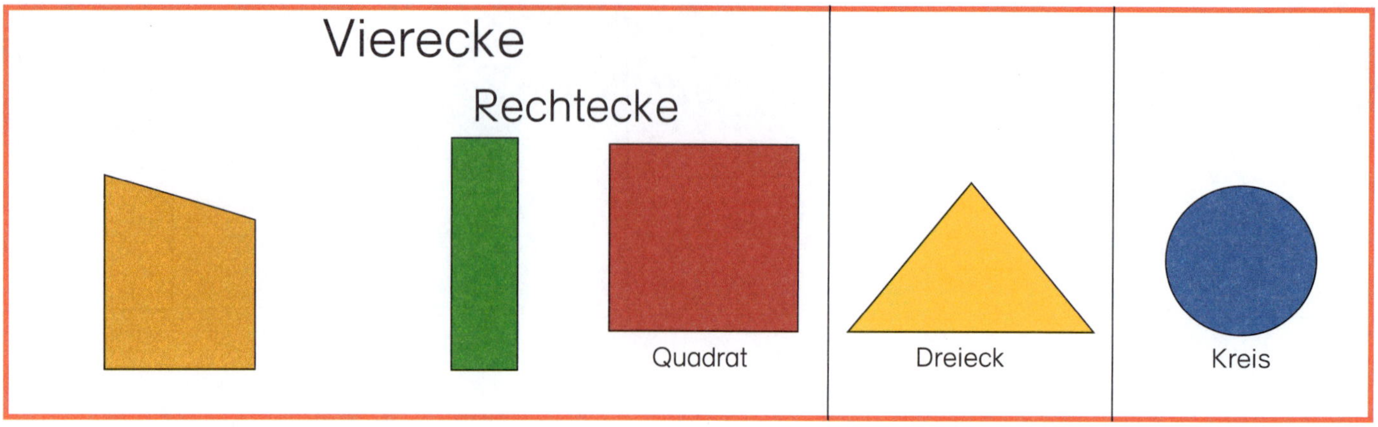

1

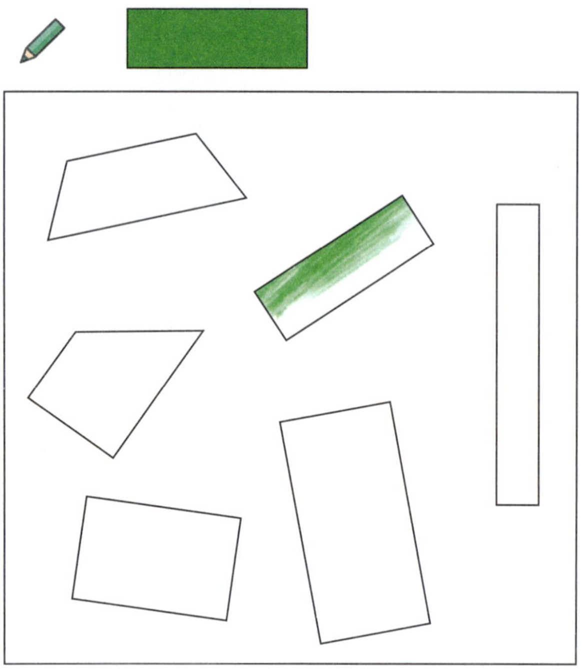

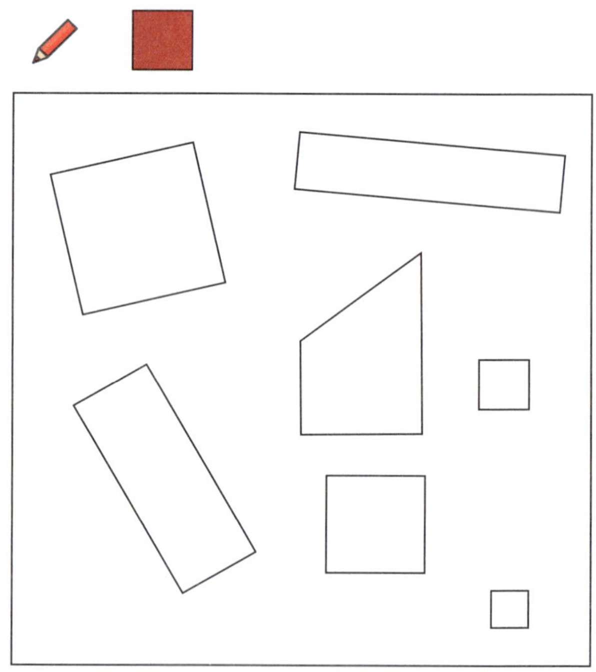

2

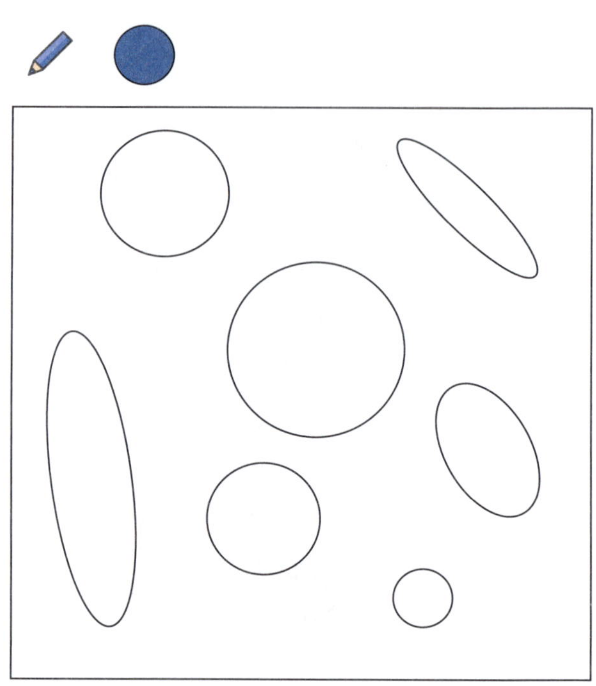

1, 2 Angegebene Formen entsprechend färben.

Flächen

1

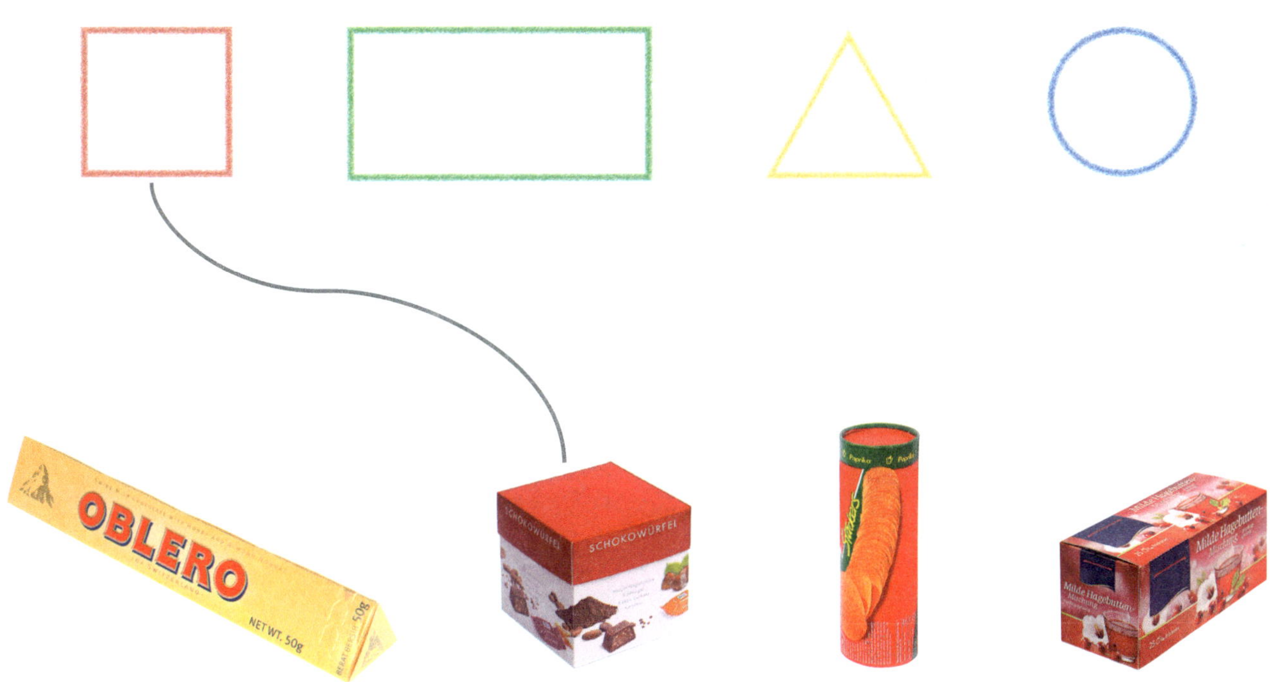

2

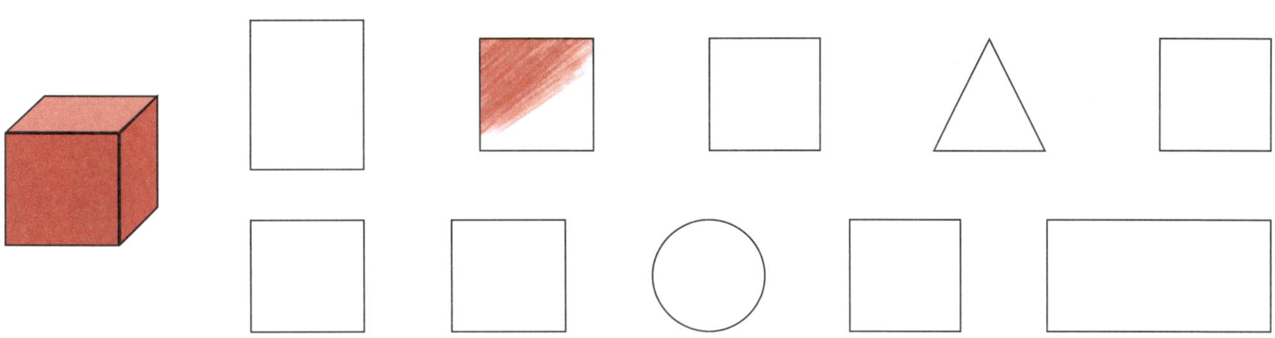

2 Flächen, die zum Würfel gehören, rot färben.

Auslegen

1

2

1, 2 Figuren mit den kleinen Plättchen der Beilage auslegen.

1

□	◺
4	0
3	2
2	4
1	6
0	8

2

□	◺

3

□ (groß)	□ (klein)	◺ (klein)	◺ (groß)
1	0	2	0
0	0	2	2
0	4		

1 Figur mit vorgegebener Anzahl von kleinen Plättchen auslegen.
2 Figur mit den größeren Plättchen verschieden auslegen.
3 Figuren mit kleinen und großen Plättchen verschieden auslegen.

1

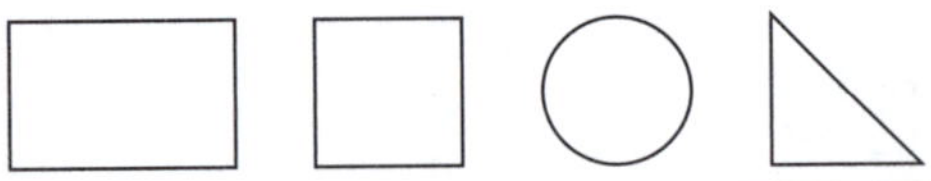

2

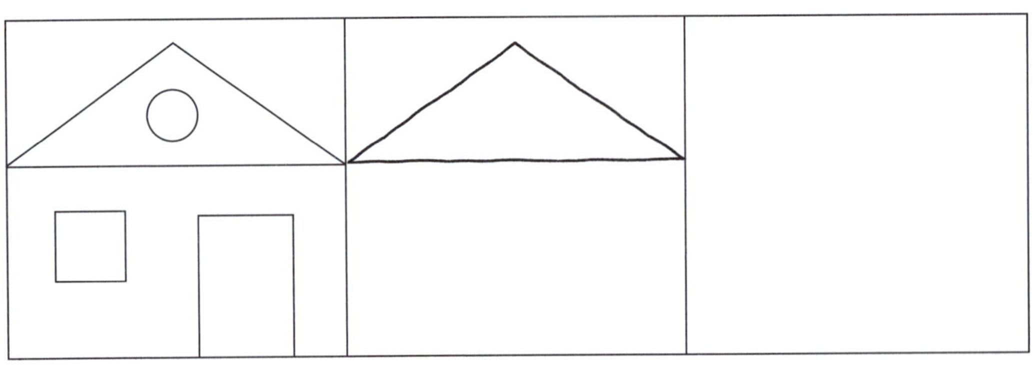

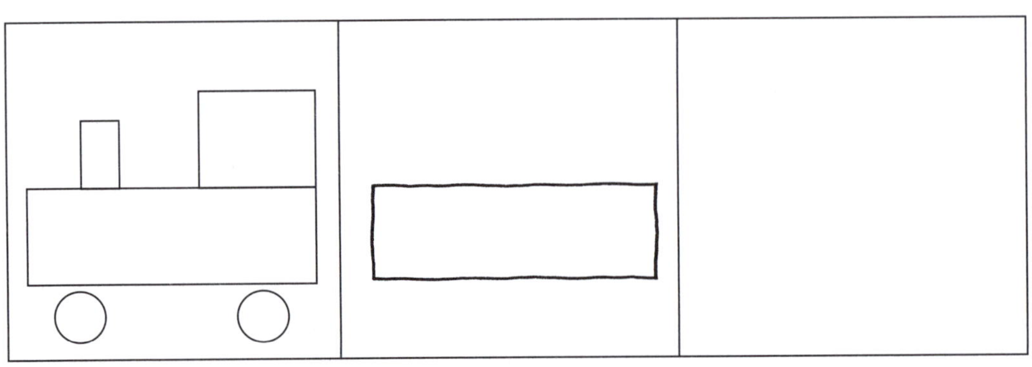

1, 2 Formen aus freier Hand zeichnen.

Muster zeichnen

1

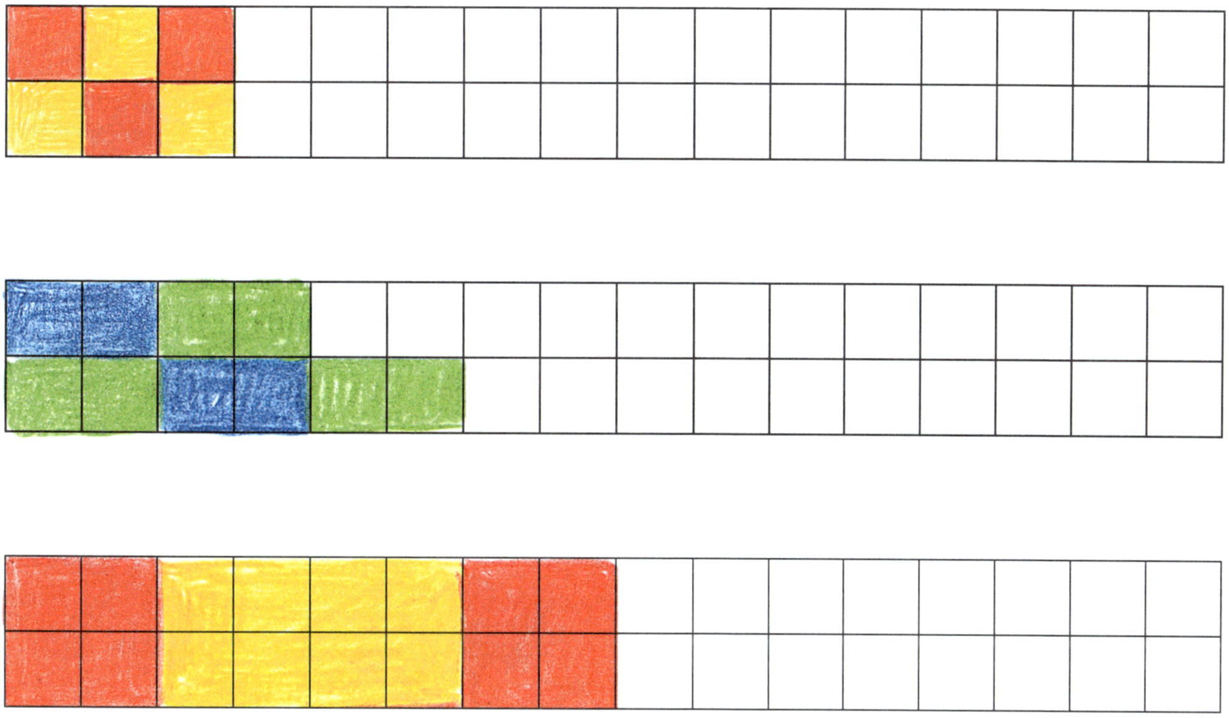

2

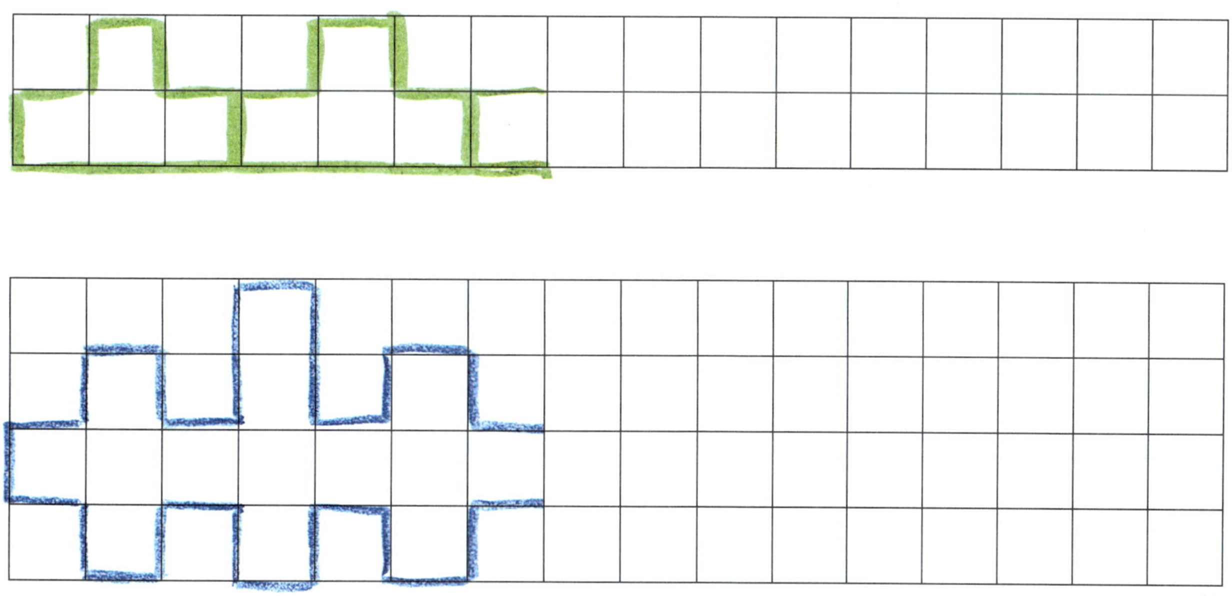

3

1, 2 Muster fortsetzen.
3 Ein eigenes Muster zeichnen.

Symmetrische Figuren

1

2

3

1–3 Mit einem Spiegel prüfen, ob die Figuren symmetrisch sind.
Nichtsymmetrische Figur durchstreichen.

Symmetrie – Spiegelbilder

1

1 Was gehört zusammen?

Symmetrie – Bilder mit dem Spiegel verändern

1

1 Mit dem Spiegel experimentieren: breiter und dünner machen.

Symmetrie – Bilder mit dem Spiegel verändern

1

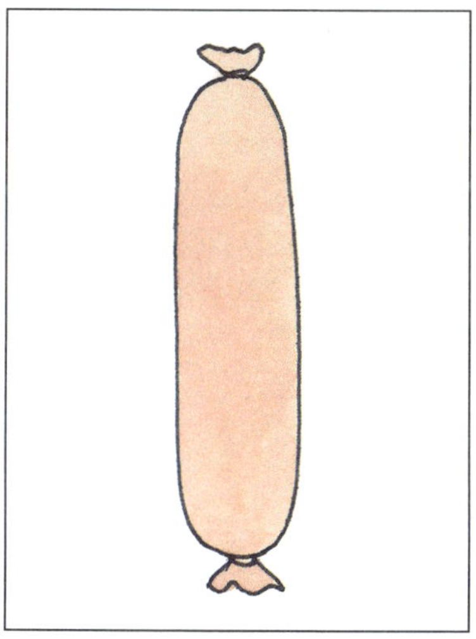

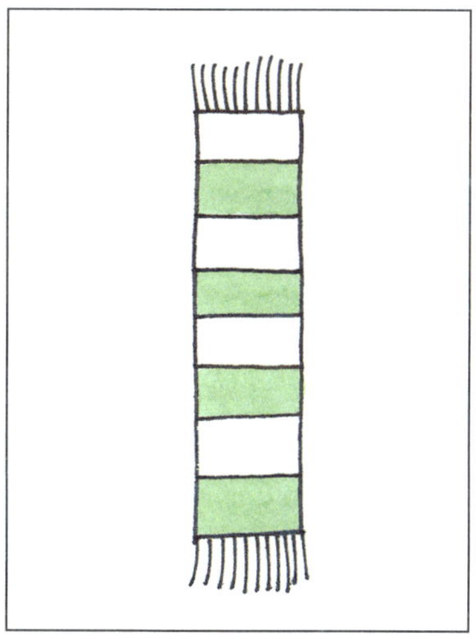

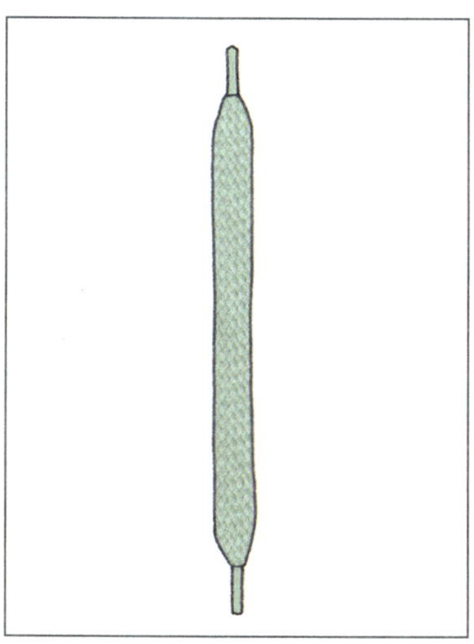

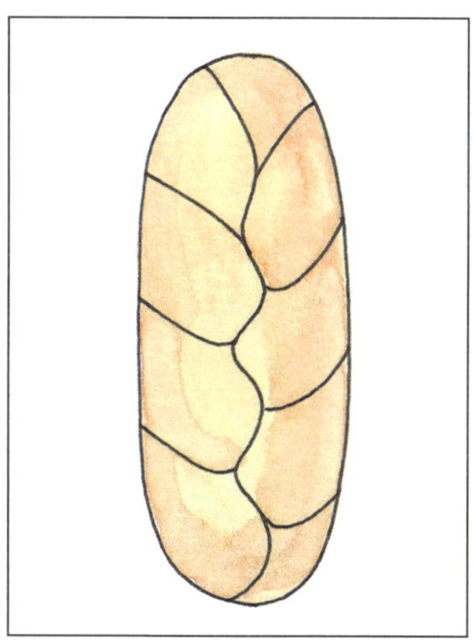

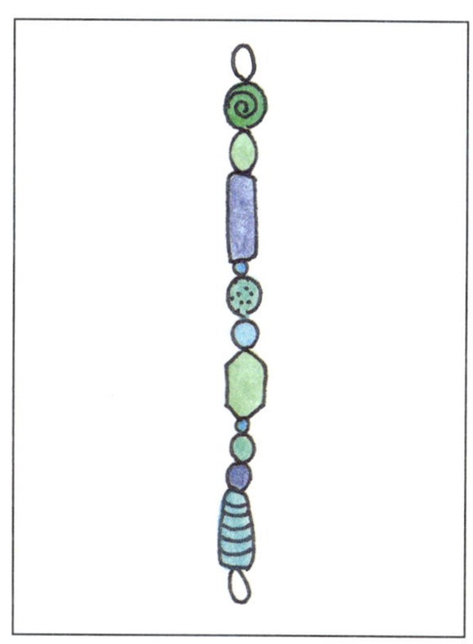

1 Mit dem Spiegel experimentieren: verlängern und verkürzen.

1

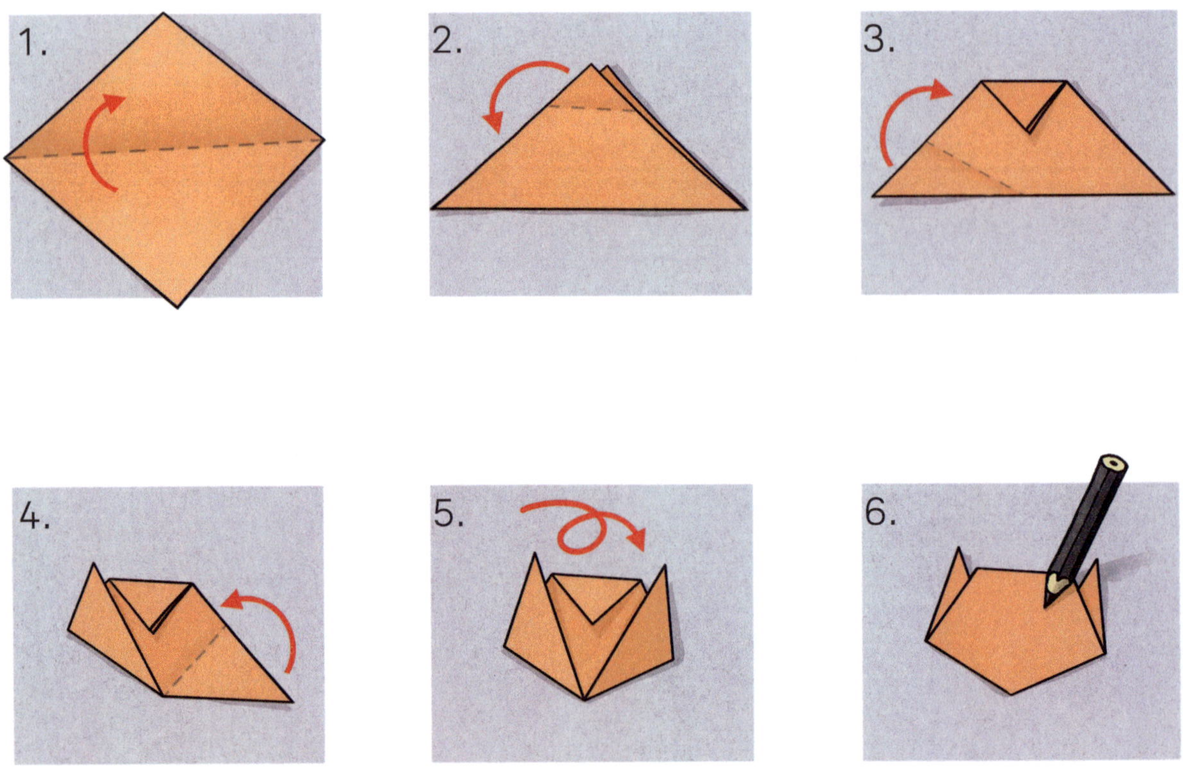

1 Quadratisches Papier verwenden.

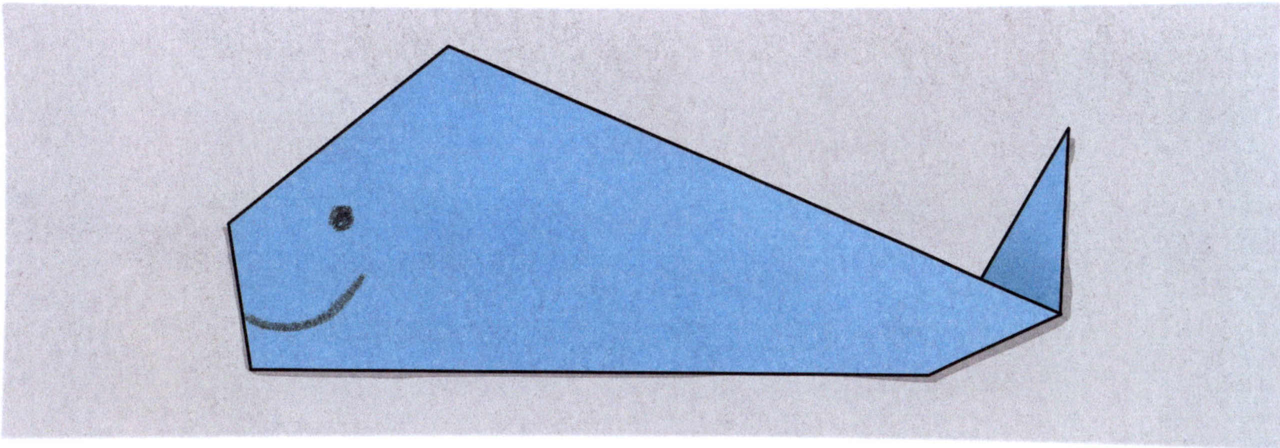

1

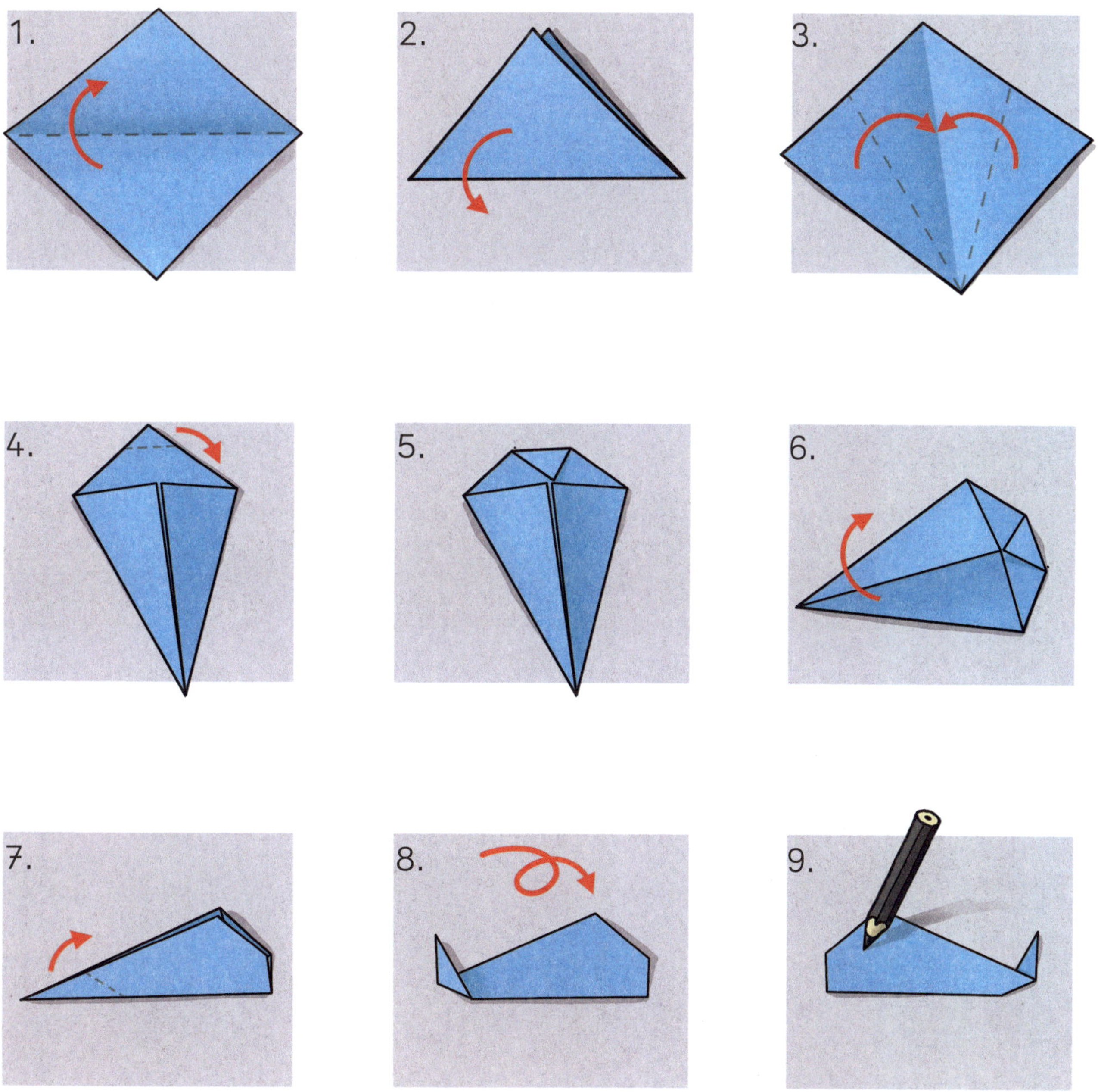

1 Quadratisches Papier verwenden.

Geobrett

1

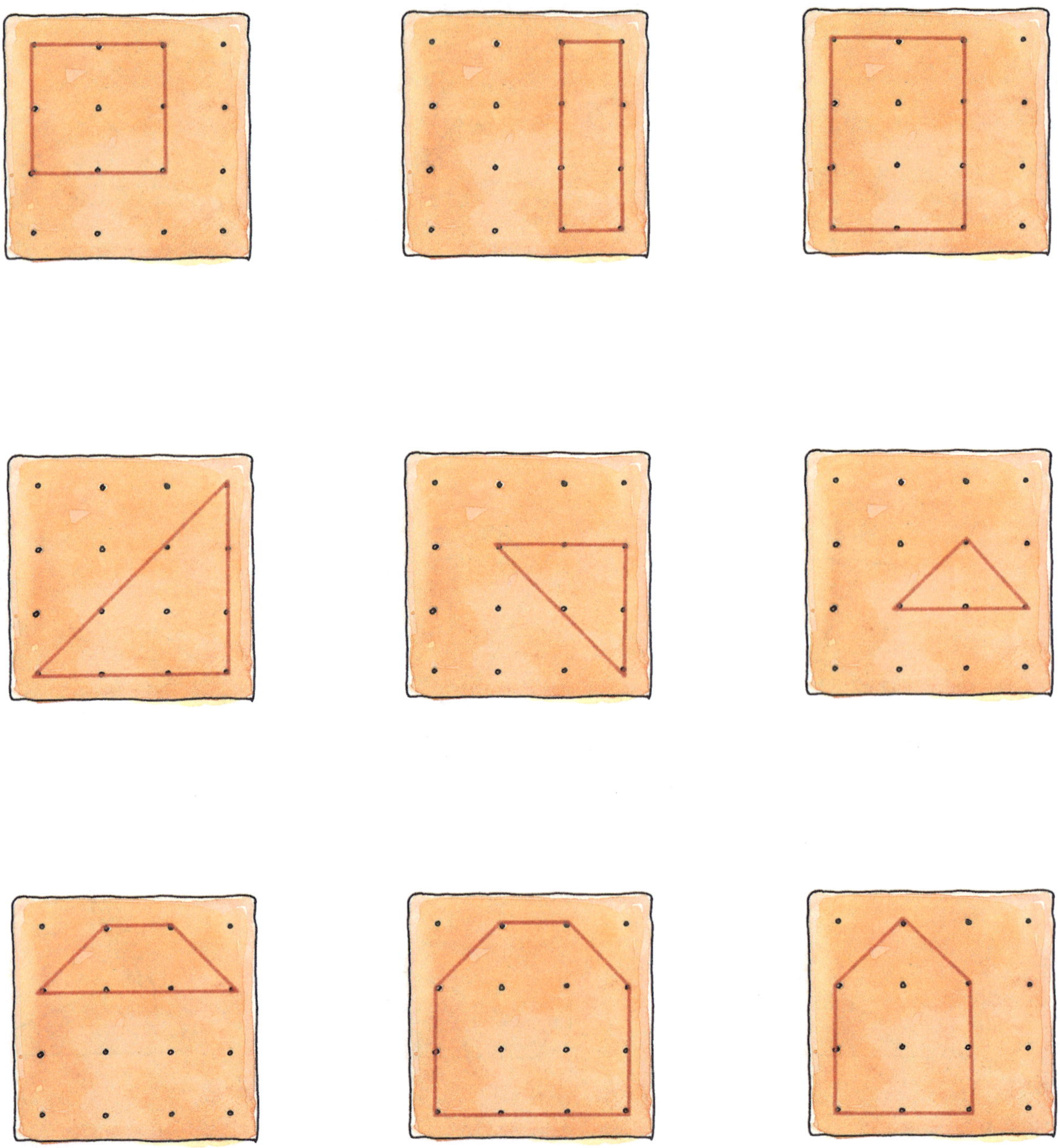

1 Geobretter mit 4 x 4 Nägeln verwenden.
Figuren nachspannen.